ACCESOS

VASCULARES PARA

HEMODIALISIS:

CATETERES.6.1

INDICE

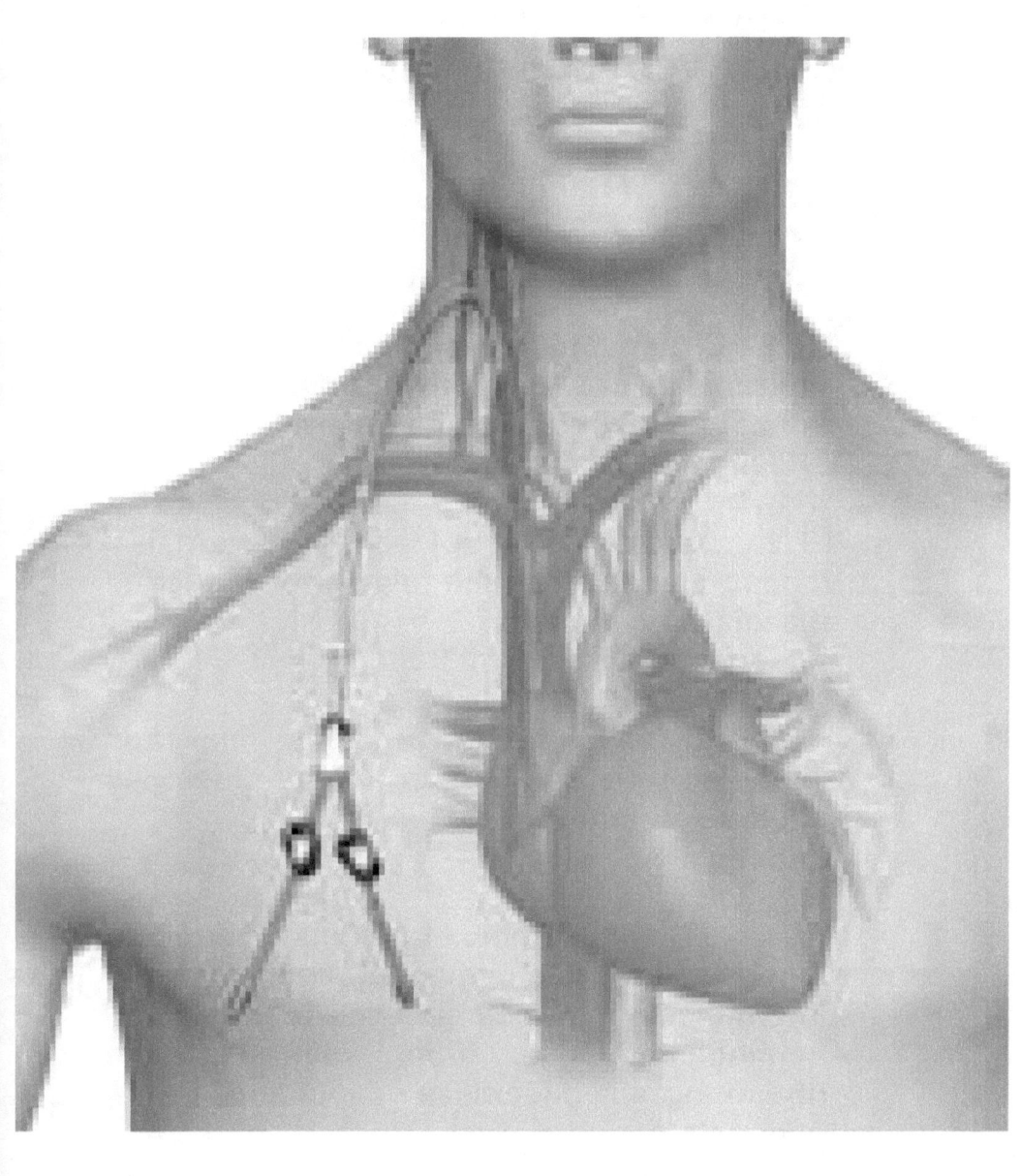

1.- Capítulo sexto: Catéteres venosos centrales

1.7.- SEGUIMIENTO NORMAS DE ACTUACIÓN

1.7.1.- El seguimiento clínico del catéter se realizará en cada sesión de diálisis. Deberá constar en los registros de enfermería.
Evidencia B

1.7.2.- La inversión de las vías arterial y venosa aumenta la recirculación y reduce la eficacia de la diálisis.
Evidencia B

1.7.3.- El seguimiento funcional en cada sesión se refiere al registro de las presiones y flujos aparentes.
Evidencia C

1.7.4.- El seguimiento funcional periódico consiste en la evolución del Kt/V y determinaciones opcionales de recirculación o mediciones de flujo real mediante ultrasonografía o técnicas de dilución.
Evidencia A

1.7.5.- No se recomiendan los cultivos rutinarios en ausencia de signos infecciosos.
Evidencia B

RAZONAMIENTO

La función de los CVC para HD es proporcionar un acceso al torrente circulatorio que permita una diálisis eficaz con el menor número de complicaciones. El seguimiento de los mismos tiene por objeto detectar cuanto antes las posibles complicaciones y en este sentido cabe destacar el seguimiento clínico y el seguimiento funcional.

El seguimiento clínico debe basarse en la búsqueda de síntomas o signos físicos que hagan sospechar una infección (fiebre, signos inflamatorios en orificio de salida o en el túnel) y que deben ser investigados en cada sesión de diálisis[53], edema en miembros superiores o cara que nos hagan sospechar una trombosis de venas centrales[30,54], dolor a nivel del hombro o cuello (signo del pellizco) que puede indicarnos rotura del catéter o cambios bruscos en la situación clínica del enfermo que sugeriría una complicación grave[21].

El seguimiento funcional tiene como finalidad la detección de alteraciones que impidan la realización de una diálisis eficaz. En este sentido se valorará el flujo sanguíneo por medios volumétricos ya que a diferentes presiones, el flujo medido por bomba puede sobrestimar el flujo real hasta un 8,5% y cuando la presión negativa prebomba aumente de 200 mmHg el flujo puede sobrestimarse medido por ultrasonido entre un 20 y 30%[13]. El flujo recomendado es mayor de 300 ml/min.

La presencia de recirculación es prácticamente mínima en catéteres colocados en venas yugular y subclavia (no existe recirculación cardiopulmonar como en las FAV), por lo que cualquier recirculación mayor del 5-10% es sugestiva de alteraciones en el catéter: cambio de posición de la punta, coágulo en la luz o regurgitación tricúspidea55. La determinación de Kt/V resulta imprescindible para conocer el grado de diálisis necesaria para la normalización de la situación clínica del paciente. Cualquier cambio en el Kt/V deberá tenerse en cuenta ya que puede ser consecuencia de un déficit funcional del catéter o ser consecuencia de cambios en la situación del paciente.

1.8.- COMPLICACIONES

NORMAS DE ACTUACIÓN

1.8.1- Las complicaciones precoces derivan de la técnica de punción o de la malposición de la punta y dependen fundamentalmente de la experiencia del equipo.
Evidencia A

1.8.2.- Las complicaciones tardías más frecuentes son las estenosis venosas, las trombosis y las infecciones del catéter.
Evidencia C

1.8.3.- Las roturas o desconexiones accidentales o voluntarias del catéter pueden cursar con pérdida hemática o con entrada

**de aire al torrente vascular, dependiendo de la localización del catéter.
Evidencia C**

RAZONAMIENTO

Las complicaciones surgidas tras la implantación de un CVC para HD pueden clasificarse en agudas o precoces (inmediatas a la implantación y que surgen en las primeras horas) y tardías.

Las complicaciones precoces son infrecuentes[21-23,28,38-41] y están relacionadas con
la punción venosa o con la inserción, habiendo sido descritas un número considerable de ellas: hematoma, punción arterial, neumotórax, neumomediastino, taponamiento pericárdico, rotura cardiaca, hematoma retroperitoneal, embolismo aéreo, arritmias cardiacas, parálisis del nervio recurrente laríngeo, pseudoaneurisma de carótida o femoral, embolismo del catéter, rotura del catéter, reacciones a la anestesia local, reacciones vagales, etc. Dichas complicaciones varían en función de la vena a canalizar, la experiencia del médico, la utilización o no de ultrasonidos y también de la condición del paciente[13,22,30]. No es de extrañar la distinta incidencia en las diferentes series. Se ha propuesto un sistema de estandarización de las complicaciones, con el fin de alertar sobre la incidencia de las mismas y tomar las medidas necesarias para corregirlas. Se proponen tasas referidas a 1000 sesiones de diálisis como mejor forma de estandarizar las incidencias[56]. Conviene mantener una vigilancia estricta tras las primeras horas postpunción para tratar de identificarlas y proceder al tratamiento

correspondiente de forma inmediata, ya que pueden ser potencialmente mortales. Un error frecuente es el de comprimir el orificio de salida cutáneo cuando se produce salida de sangre por él tras la inserción. El punto a comprimir es la zona de punción venosa, en fosa supraclavicular, aunque lo más efectivo es evitar el decúbito manteniendo al paciente sentado para reducir la presión venosa en la yugular. Una infusión de desmopresina (0,3 µg/kg en 20 minutos) puede mejorar la hemostasia el tiempo suficiente para que se controle el sangrado postinserción.

Las complicaciones tardías suelen estar en relación con el cuidado y función del catéter y diferirse en el tiempo desde la inserción del mismo. No suelen ser tan graves como las agudas pero una de sus consecuencias es la retirada del catéter y por tanto la pérdida de un acceso para diálisis. La estenosis de vena yugular es menos frecuente que en subclavia y generalmente asociada a la utilización de catéteres no tunelizados32,33. Aunque suelen ser asintomáticas, en ocasiones cursan con edema del miembro superior ipsilateral y pueden comprometer el futuro desarrollo de un AV en ese miembro. Su tratamiento consiste en angioplastia (el
uso de endoprótesis es objeto de debate) en el caso de venas elásticas. Otras complicaciones tardías a reseñar son el hemotórax o hemopericardio por erosión de la pared vascular debido a un mal posicionamiento prolongado del catéter, oftalmoplejía y exoftalmos, hipertensión intracraneal, aumento unilateral de la mama, sangrado de varices esofágicas, rotura de la luz del catéter, embolizaciones o migración del catéter. Las roturas o desconexiones accidentales o voluntarias del catéter o sus

tapones suelen producir embolias gaseosas y rara vez hemorragias (en los catéteres con punta intratorácica). Las pinzas de las extensiones no garantizan el cierre, por lo que los tapones deben ser de seguridad (con rosca).

Debe evitarse que las pinzas actúen sobre la misma zona repetidamente para que no rompan las extensiones. Algunos equipos dejan habitualmente las pinzas abiertas por esta razón, utilizándolas sólo para las maniobras de conexión a diálisis.Las complicaciones tardías más frecuentes son, sin embargo, las trombóticas y las infecciosas, que se detallan en los apartados siguientes.

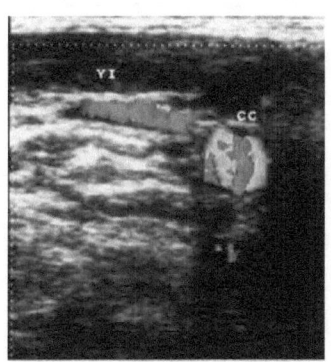

1.9.- DISFUNCIÓN

NORMAS DE ACTUACIÓN

1.9.1.- La disfunción de un CVC se define como la imposibilidad de obtener o mantener un flujo de sangre extracorpóreo adecuado (Qb<250 ml/min) para realizar una sesión de diálisis.

Evidencia B

1.9.2.- La disfunción precoz se debe a acodamiento del catéter o malposición de la punta, y la tardía a trombosis intraluminal o pericatéter.
Evidencia C

1.9.3.- Los CVC no tunelizados con disfunción que no se resuelve con lavados con jeringa deben ser sustituidos mediante una guía (en ausencia de signos de infección). La fibrinolisis de un catéter no tunelizado es más cara que un nuevo catéter, y tiene más riesgo de sangrado, por lo que debe evitarse.
Evidencia C

1.9.4.- La trombosis de un CVC tunelizado puede ser tratada con: lavados enérgicos con suero fisiológico, terapia fibrinolítica intraluminal o sistémica, terapia mecánica intraluminal, ordeño pericatéter con un lazo, y cambio de catéter.
Evidencia B

RAZONAMIENTO

La supervivencia de los CVC para HD de mantenimiento ha cambiado notablemente.

Diversas series comunican una supervivencia entre el 52 y 93% al año, inferior a fístulas autólogas, aunque se ha comunicado una supervivencia de la FAVI en diabéticos inferior al 30 % al año57. Las causas más importantes que influyen en la retirada del catéter son la disfunción y las infecciones. Se estima que el porcentaje de retirada de catéter por disfunción oscila entre un 4 y 28%18.

Se define disfunción del catéter como la incapacidad en obtener o mantener un flujo de sangre extracorpóreo adecuado para realizar una sesión de diálisis sin que se prolongue demasiado. Las guías DOQI establecieron como valor la cifra no inferior a 300 ml/min58, sin embargo, en ocasiones puede ser difícil alcanzar esta cifra por lo que el límite de 250 ml/min parece más realista y permite una diálisis adecuada ajustando el tiempo de las sesiones. El flujo debe ajustarse a la cifra de hematocrito del paciente, así como al grado de viscosidad de la sangre (discrasias). Las causas de disfunción pueden clasificarse en tempranas o tardías.

La disfunción temprana ocurre la primera vez que se realiza diálisis a través del catéter. Suele estar íntimamente relacionada con el proceso de inserción, en concreto con mala posición de la punta o con acodamiento del mismo (kinking).

La malposición de la punta del catéter sucede cuando se sitúa en vena cava superior, o la luz arterial no esta colocada medialmente en la vena cava o aurícula derecha. Sucede a menudo en obesos donde el cambio de posición de decúbito a bipedestación hace que la punta se desplace desde aurícula a vena cava13,20,36,37,54.

La solución es recolocar el catéter con control fluoroscópico.

El acodamiento se produce en el momento de realizar la tunelización. Si al finalizar la inserción del catéter se comprueba falta de flujo o resistencia al aspirado con una jeringa, lo adecuado es introducir una guía metálica y recolocar el catéter31,54. Es recomendable que la curva principal del catéter se apoye en la clavícula.

La disfunción tardía es debida generalmente a trombosis. Su presencia, ya sea intraluminal o por la formación de una vaina de fibrina, supone el 40% de la disfunción de los catéteres54. Su tiempo de aparición oscila entre los 73 y 84 días30,54. Las trombosis se clasifican en extrínsecas e intrínsecas59.

Las trombosis extrínsecas son secundarias a la formación de un trombo mural que puede ubicarse en vena cava superior o aurícula derecha. Suelen ser graves ya que precisan de anticoagulación sistémica y retirada del catéter13,59.

Las trombosis intrínsecas suelen ser la causa de déficit de flujo a través del catéter.
Se dividen en función de la colocación del trombo en 1) intraluminal, en general debida a una deficiente heparinización o al cierre incorrecto de los catéteres, 2) en la punta del catéter, debido generalmente a que los orificios de la punta no retienen la heparina y se forma el trombo y 3) la formación de vaina de fibrina pericatéter, siendo la forma más frecuente de trombosis en los catéteres tunelizados.

El diagnóstico suele realizarse con una radiografía de tórax y venografía a través del catéter, o desde el miembro superior ipsilateral si se trata de vena yugular o subclavia, o desde el miembro inferior si son venas femorales.

Tras detectar la disfunción hay que identificar rápidamente el problema y debe ser tratada inmediatamente ya que retrasar la solución predispone al paciente a una inadecuada diálisis y una mayor manipulación que se traduce en un aumento del riesgo de infección59.

Ante una disfunción del CVC para HD deben aplicarse las siguientes medidas:

1.- Lavados enérgicos con suero fisiológico. Se debe emplear una jeringuilla de 10 ml. Si tras 3 intentos no se soluciona el problema y persiste el déficit de flujo a la aspiración debe instaurarse una terapia fibrinolítica59.

2.- Terapia fibrinolítica intraluminal (ANEXO 1). La aplicación de urokinasa o activador tisular del plasminógeno resuelve el 74-95% de los casos10,54. Se usa en forma de sellado de ambas luces (aunque la disfunción sea de una sola luz), durante unos 15 minutos. Si se ha podido realizar la diálisis, es aconsejable dejar un sellado con Urokinasa hasta la siguiente sesión. Es importante aspirar el contenido de las luces antes de iniciar la sesión de diálisis. Si esta medida no resulta eficaz en un máximo de tres sesiones, se pasa a la pauta de infusión sistémica.

3.- Terapia fibrinolítica sistémica. (ANEXOS 2 y 3). Se suele infundir durante la diálisis (sustituyendo parcial o totalmente a la heparina) y las dosis de urokinasa oscilan entre 10.000 y 20.000 UI (baja dosis) y 250.000 UI (alta dosis). Esta terapia está contraindicada de manera absoluta en pacientes con sangrado activo o hemorragia intracraneal reciente (<10 días), politraumatismo o hipertensión arterial no controlada. Existen además contraindicaciones relativas: trombo en corazón izquierdo, endocarditis, sepsis, embarazo, retinopatía hemorrágica, cirugía o biopsia reciente. Durante la infusión deben monitorizarse las constantes vitales cada 15 minutos por si surgiesen reacciones adversas60. Con esta pauta, se consiguen resoluciones del 81 tras la primera infusión y del 99% tras la tercera. También se ha utilizado factor activador del plasminógeno tisular (2,5 ml en 50 ml de salino en 3 horas de diálisis) con un 100 % de respuestas inmediatas y un 67% a los 30 días61. Desde 1999 la urokinasa está retirada del mercado en USA a causa de su procedencia humana. No existen por lo tanto estudios comparativos recientes norteamericanos entre la urokinasa y el activador tisular del plasminógeno recombinante. En Europa se sigue usando la urokinasa porque su comparativo en precio, tasa de complicaciones y eficacia es similar o incluso mejor.

4.- Terapia mecánica. Consiste en remover el trombo mediante una guía, un catéter de Fogarty o un cepillo de biopsia ureteral introducidos por su luz. No produce alteraciones sistémicas pero es poco efectiva cuando la trombosis es secundaria a una vaina de fibrina59.

5.- Ordeño del catéter a través de un catéter de lazo insertado por vía femoral. Responde en un 92-98% de los casos y sus resultados persisten entre 20-90 días54,59,62. Dado el elevado coste y el escaso grado de duración, no suele ser un método recomendado.

6.- Cambio de catéter. Se puede cambiar el catéter por el mismo orificio de salida y de venotomía con la
ayuda de un catéter de Fogarty. Se debe tener en cuenta que es preciso retirar la vaina de fibrina que rodea al catéter ya que de no hacerlo persistiría el mismo problema. Esta modalidad de tratamiento es más recomendada que el ordeño en el manejo de la disfunción del catéter que no responde a las medidas previas59. Para que el nuevo catéter se fije es conveniente romper la fibrina que sujetaba el antiguo anillo de dacron para que se adhiera el nuevo. A menudo es preferible hacer un nuevo túnel subcutáneo próximo al antiguo. En cualquier caso, al no existir series comparativas aleatorizadas entre los diferentes sistemas de corregir la disfunción de los catéteres tunelizados, la experiencia de cada unidad es la que define el procedimiento a seguir.

1.10.- INFECCIONES

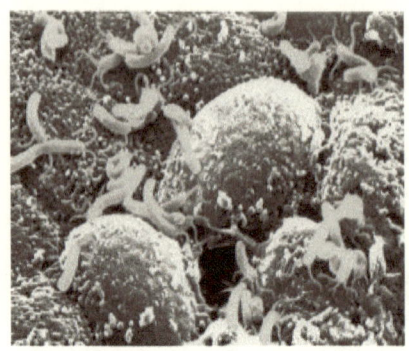
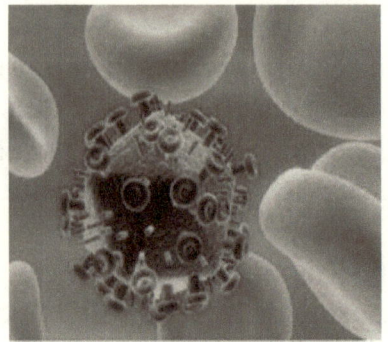

La infección relacionada con el catéter es la complicación más frecuente y grave de los CVC. Suele ser la causa principal de retirada del catéter, produce una elevada morbilidad y aunque la mortalidad directa no sea alta, supone la pérdida de un acceso vascular en pacientes que, en general, no tienen muchas más posibilidades de acceso para diálisis.

NORMÁS DE ACTUACIÓN

1.10.1.- El catéter debe ser retirado inmediatamente si existe shock séptico, bacteriemia con descompensación hemodinámica o tunelitis con fiebre. Evidencia B

1.10.2.- Ante la aparición de fiebre en un paciente portador de CVC, deben extraerse hemocultivos de sangre periférica y de ambas ramas del catéter. Las extracciones

deben ser simultáneas y cultivarse mediante técnicas cuantitativas si es posible.
Evidencia B

1.10.3.- En los casos de infección grave o cuando no se retira el catéter, ha de iniciarse antibioterapia empírica a la espera de resultados microbiológicos.
Evidencia B

1.10.4.- El tratamiento conservador sin retirada del catéter es aceptable en catéteres tunelizados infectados por microorganismos habituales. Ha de usarse antibioterapia sistémica asociada a sellado intraluminal del catéter con antibióticos adecuados. El sellado intraluminal con antibióticos no asociado a terapia sistémica no es efectivo.
Evidencia B

RAZONAMIENTO

La infección de los catéteres es la complicación más frecuente de los accesos vasculares. La incidencia de bacteriemia varía siendo mayor en los no tunelizados: (3,8-6,5 por cada 1000 catéteres/día) que en los tunelizados: (1,6-5,5 por cada 1000 catéteres/día12,16,63-66). Según la localización es más frecuente en femoral que en yugular interna12,16 y en ésta más que en subclavia16,65,66. Suele ser la causa principal de retirada del catéter y de diversas complicaciones asociadas como osteomielitis, endocarditis y muerte16,67.

Se definen tres tipos principales de infecciones asociadas a CVC para HD53:

1) *Bacteriemia.* Aislamiento de mismo microorganismo en sangre y catéter por métodos semicuantitativo (≥15 unidades formadoras de colonias) o cuantitativo (≥1.000 unidades formadoras de colonias) en ausencia de otro foco infeccioso68.

2) Tunelitis o infección del túnel subcutáneo. Presencia de signos inflamatorios y exudado purulento desde el dacron hasta el orificio de salida, asociado o no a bacteriemia.

3) Infección del orificio de salida de catéter. Aparición de exudado purulento a través del orificio de salida no asociado a tunelitis y generalmente sin repercusión sistémica.

4) Colonización. Cultivo por método semicuantitativo de ≥15 unidades formadoras de colonias o ≥1.000 por método cuantitativo (ANEXO 5)69,70. El microorganismo más frecuentemente aislado es el estafilococo, hasta en un 82% de los casos, por lo que inicialmente el tratamiento inicial debe cubrir este agente etiológico a la espera de confirmación bacteriológica70-72. Recientemente se ha comunicado un aumento en la incidencia de bacteriemia por Gram negativos de hasta un 32-45%53,72.

El manejo de las infecciones varía en función de la gravedad de la infección, la necesidad de mantener el catéter y del tipo de catéter (tunelizado o no tunelizado)71.

Recomendaciones generales de prevención de las infecciones asociadas acatéter[22,73]:

En la inserción y manipulación deben emplearse las medidas de asepsia recomendadas.

Son preferibles los catéteres en yugular que en femoral74. En el caso de catéteres transitorios en yugular hay que evitar utilizarlos durante por periodos superiores a dos semanas (en femoral, menos de una semana). Se recomienda cambiar el catéter en la misma ubicación mediante una guía63,73, en ausencia de signos de infección.

No se debe utilizar profilaxis antimicrobiana sistémica ni intranasal para la inserción ni durante el uso de catéteres vasculares.

No es recomendable el empleo rutinario de pomadas antisépticas ni antibióticas en el orificio de salida. Los catéteres impregnados con sulfadiazina parecen infectarse menos pero tienen más reacciones cutáneas. No existen evidencias que apoyen su uso rutinario71,73,75.

Tampoco son de utilidad los cultivos rutinarios de piel ni del orificio cutáneo del catéter por su bajo nivel predictivo positivo en ausencia de supuración70,72.

Los pacientes que se dializan de forma crónica a través de un catéter, y en especial los que han tenido infecciones previas por *Staphylococcus aureus*, han de ser evaluados para descartar la existencia de una colonización nasal por dicho microorganismo70,72.

Se han de implantar medidas de intervención para erradicar el estado de portador crónico de *Staphylococcus aureus* en los pacientes en HD crónica72,73,75.

Los antisépticos en base alcohólica cuartean la piel bajo el catéter, favoreciendo las infecciones. Un buen cuidado de la piel es prioritario sobre cualquier uso de antisépticos.

Cuando deje de ser necesario, el catéter debe retirarse.

Sólo deben cultivarse los catéteres retirados por sospecha de infección. En este caso los cultivos deben ser cuantitativos o semicuantitativos del extremo del catéter68-72.

El catéter para diálisis no deberá ser usado para administrar medicación o extraer muestras sanguíneas. Únicamente el personal de diálisis deberá manipularlo.

En los catéteres tunelizados no debe administrarse pomada antiséptica en el rodete de dacron ya que no ha demostrado disminuir la incidencia de infecciones y a menudo disminuye la adherencia. Si que es conveniente humedecerlo en solución salina antes de su inserción.

El sellado de las luces del catéter con soluciones antimicrobianas no debe usarse de forma rutinaria. Su precio es muy superior al de la heparina y no disponemos por el momento de estudios aleatorizados que apoyen su uso.

Diagnóstico de la infección asociada a catéter[69,70]:

La patogenia de la infección relacionada con el catéter puede ser variada: infección del punto de salida seguida de migración del microorganismo a lo largo de la superficie externa del catéter; contaminación de la luz del catéter, dando lugar a la
colonización intraluminal del mismo; o infección por vía hematógena del catéter.

Los datos clínicos que presentan los pacientes con infección relacionada con los catéteres son poco útiles para el diagnóstico por su baja sensibilidad y especificidad.

En un paciente portador de CVC, la presencia de signos y síntomas de infección sin foco de origen confirmado debe obligar a descartar el catéter como fuente de la misma. El hallazgo clínico más frecuente es la fiebre que presenta una gran sensibilidad pero una especificidad muy baja. Por otra parte la presencia de inflamación o exudado purulento alrededor del punto de entrada del catéter intravascular presenta una mayor especificidad pero carece de sensibilidad.

Una vez se sospecha la infección relacionada con un catéter vascular debe evaluarse si existe o no bacteriemia asociada73,75. Ha de explorarse de forma pormenorizada el trayecto del catéter, de tal manera que si existen signos inflamatorios con o sin salida de material purulento en la zona de inserción del catéter, éste debe retirarse.

Ante un cuadro de fiebre y escalofríos en un paciente con un catéter central deben realizarse hemocultivos69,70,75 simultáneos de sangre periférica y de cada luz del catéter. Han de cultivarse de forma cuantitativa (número de colonias 5 veces superior) o cualitativa (tiempo diferencial de crecimiento mayor de 120 min). La diferencia cualitativa o cuantitativa indica la procedencia de la infección. Los métodos cuantitativos tienen una especificidad próxima al 100% y una sensibilidad superior al 90%. Es importante que las extracciones sean simultáneas y que se incuben los mismos volúmenes de sangre69,72.

Tratamiento de la infección asociada a catéter

1) Retirada de los catéteres vasculares71,75-77. Debe plantearse la retirada del catéter siempre que exista:
- Infección complicada.
- Tunelitis asociada a fiebre.
- Infección acompañada de shock séptico o bacteriemia no controlada en 48-72 horas.
- La presencia de fiebre de origen indeterminado no justifica la retirada sistemática del CVC en los pacientes en HD.

2) Recambio de los catéteres vasculares Cuando se decida cambiar un catéter (nunca de forma rutinaria), se procurará:

- Si es posible el nuevo catéter debe colocarse en un lugar diferente al que ocupó el retirado74.

- Un catéter no debe cambiarse mediante guía si existe certeza de que dicho catéter está infectado74,76.

- Cuando se ha retirado un catéter por infección relacionada con el mismo, puede reinsertarse un catéter no tunelizado si se ha iniciado un tratamiento antibiótico sistémico apropiado74,76.

- La reinserción de un catéter tunelizado se pospondrá hasta haberse establecido un tratamiento antibiótico apropiado, basado en el antibiograma y tras haber obtenido hemocultivos negativos de control. Si es posible, la colocación de un nuevo catéter o dispositivo se realizará al finalizar el tratamiento antibiótico y confirmar cultivos negativos tras 5-10 días de haber suspendido la antibioterapia66,74,76.

- Un catéter colocado mediante guía como sustitución de un catéter previo en la misma localización, ha de retirarse si los cultivos del segmento distal del catéter previo muestran colonización del mismo66.

- En los pacientes en HD no está justificado proceder al recambio rutinario del CVC no tunelizado mediante una guía metálica con la intención de mejorar su función63,66,75.

3) Tratamiento empírico de las infecciones relacionadas con los catéteres.

- Si se ha retirado el catéter infectado, y no existen indicaciones de tratamiento empírico, debe demorarse el inicio del tratamiento hasta conocer el microorganismo causante de la infección. A menudo no es necesario ningún tratamiento63,64,66.

- Está indicado el inicio de tratamiento empírico en caso de: sepsis grave y/o shock, inestabilidad clínica con fracaso orgánico, signos locales de infección supurada, neutropenia, inmunosupresión grave, cardiopatía valvular o prótesis endovasculares (valorar riesgo).

- Para iniciar un tratamiento empírico es importante conocer la incidencia local de microorganismos y su sensibilidad antibacteriana o antifúngica72,76.

- Estaría indicado como tratamiento empírico la utilización de antibióticos de amplio espectro (para bacterias Gram positivas y Gram negativas) como podría ser la asociación de un glucopéptido y un aminoglucósido o aztreonam72,73,75.

4) Tratamiento etiológico de las infecciones relacionadas con los catéteres tratamiento75-79

- La elección del tratamiento antimicrobiano específico se desarrolla en el ANEXO 7.

- Se recomienda iniciar el tratamiento por vía endovenosa y pasar a vía oral cuando se consiga la estabilidad clínica y la apirexia, siempre que existan alternativas con buena biodisponibilidad.

- No existen datos concluyentes respecto a la duración del tratamiento. Se acepta que ésta debe ser entre 7-10 días (máximo 15 días) cuando no existen complicaciones de la infección, la respuesta clínica es favorable y no existe valvulopatía ni material protésico susceptible de colonizarse a distancia.

Estafilococos coagulasa negativos.

- En general, las infecciones producidas por estas bacterias no requieren tratamiento si se ha retirado el catéter, no existe otro material protésico y el paciente es inmunocompetente.
- Si se requiere tratamiento, éste puede iniciarse con un glucopéptido y cambiar a una penicilina semisintética si el microorganismo es sensible.
- Si un catéter no tunelizado infectado no se retira, debe administrarse antibiótico por vía sistémica durante 7-10 días asociado al sellado antimicrobiano del mismo.
- Si no se retira un catéter tunelizado, el paciente debe ser tratado por vía sistémica durante un mínimo de 7 días y con sellado antimicrobiano del catéter durante 14 días, o bien hasta tener dos determinaciones consecutivas de hemocultivos negativas.

Staphylococcus aureus y otras bacterias Gram positivas.
- Pese a la retirada del catéter, las infecciones producidas por estafilococo áureus o enterococo requieren un tratamiento no inferior a 15 días dada su capacidad de asentar sobre válvulas cardíacas y hueso, generando complicaciones infecciosas tardías.
- Como primera elección, si se demuestra la sensibilidad del microorganismo, estaría indicada la cloxacilina o una cefalosporina de primera generación como la cefazolina en el caso del *Staphylococcus aureus* y la ampicilina en el del enterococo. No obstante, en las unidades de diálisis existe gran experiencia con el tratamiento con vancomicina por su comodidad de administración y su efectividad; sin embargo hay que tener en cuenta la técnica de diálisis (convencional de bajo flujo, filtros de alta permeabilidad, técnicas convectivas, presencia de

función renal residual) a la hora de pautar la frecuencia y dosis semanal en su administración. Los casos de resistencia a la meticilina, en los que la vancomicina si que es de primera elección, precisan estudios en profundidad tanto de su origen como a la hora de comprobar su erradicación por el riesgo de aparición de epidemias intrahospitalarias.

- Debe realizarse una ecocardiografía de buena calidad para descartar la existencia de una endocarditis bacteriana, que obligaría a prolongar el tratamiento a 4-6 semanas, especialmente en pacientes con patología valvular preexistente, en presencia de soplos cardíacos o con complicaciones metastásicas.

Bacilos gramnegativos

- Si un catéter no tunelizado infectado por un bacilo gramnegativo en ausencia de complicaciones se retira, el paciente debe recibir tratamiento antibiótico durante 7-10 días.

- Si no se retira un catéter tunelizado, que supuestamente está infectado por un bacilo gramnegativo en ausencia de complicaciones, el paciente debe ser tratado por vía sistémica durante un mínimo de 10-14 días y con sellado antimicrobiano del catéter79-81.

- En bacteriemias producidas por *Pseudomonas* spp., *Burkholderia cepacia*, *Stenotrophomonas* spp, *Agrobacterium* spp o *Acinetobacter baumannii* debe plantearse la retirada del catéter, especialmente en pacientes inestables o con persistencia de la fiebre pese a tratamiento correcto.

Candida spp.

- Ante la presencia de candidemia siempre debe retirarse el catéter.
- Todos los pacientes con candidemia deben tratarse. Se recomienda iniciar fluconazol en pacientes estables y sin historia previa de consumo de azoles. En pacientes inestables o que han recibido tratamiento prolongado con azoles o con especies resistentes a los mismos, está indicado el uso de anfotericina B en cualquiera de sus formulaciones o caspofungina o voriconazol.
- La duración del tratamiento es de 14 días tras el último hemocultivo positivo y la desaparición de los signos y síntomas de la infección.

5) Tratamiento de las complicaciones locales de las infecciones relacionadas con los catéteres vasculares.
- La infección del trayecto subcutáneo del catéter requiere la retirada del mismo y aproximadamente de 7-10 días de tratamiento antibiótico adecuado según el microorganismo aislado.

6) Tratamiento conservador de las infecciones relacionadas con los catéteres vasculares.
- El tratamiento conservador de las infecciones no complicadas de los CVC tunelizados y de los dispositivos vasculares permanentes, mediante la técnica del sellado antimicrobiano del catéter, puede utilizarse en casos de bacteriemia por estafilococos coagulasa negativos, áureus y bacilos Gram negativos, en ausencia de infección del túnel o del bolsillo de inserción del dispositivo implantable.
- No hay evidencia científica sobre la eficacia del tratamiento conservador de los catéteres infectados por hongos y levaduras.

- La duración del tratamiento conservador de la bacteriemia relacionada con la infección de los catéteres ha de ser de al menos 2 semanas y se ha de acompañar de tratamiento sistémico. En los casos de infección por estafilococos coagulasa negativos la duración del tratamiento puede acortarse hasta disponer de dos hemocultivos cuantitativos de control negativos realizados con sangre obtenida del catéter infectado.

- Para la evaluación de la eficacia del tratamiento conservador de la infección del catéter, han de realizarse, si es posible, hemocultivos cuantitativos periódicos a lo largo de todo el tiempo del sellado del catéter.

- Los antibióticos utilizados para el sellado antimicrobiano de los catéteres infectados han de administrarse a concentraciones entre 1 y 5 mg/ml, usualmente mezclados con 1000 a 5000 U de heparina o con solución salina, en un volumen suficiente para llenar la luz del catéter (en general de 2 a 2,5 ml)79-81.

- Los antibióticos utilizados para el sellado de los catéteres han de ser estables desde el punto de vista químico, con actividad antimicrobiana prolongada (aproximadamente 1 semana) y sin posibilidad de precipitación en su interior.

- El sellado con antibióticos, siempre que sea posible, ha de acompañarse de la inutilización del catéter durante todo el tiempo del tratamiento. Pero en ausencia de disfunción que sugiera la presencia de trombo bacteriano, puede indicarse una pauta de 24 a 48 horas de sellado entre sesiones de hemodiálisis.

- La infección de los catéteres de menos de 2 semanas desde su implantación es extraluminal generalmente, por lo que no ha de utilizarse el tratamiento conservador con sellado antimicrobiano en estos casos.

- Las soluciones de antibióticos y heparina para el sellado de los catéteres vasculares han de prepararse en condiciones de esterilidad adecuadas, a ser posible en campanas de flujo laminar, y pueden conservarse a temperatura ambiente o en refrigerador hasta su utilización.

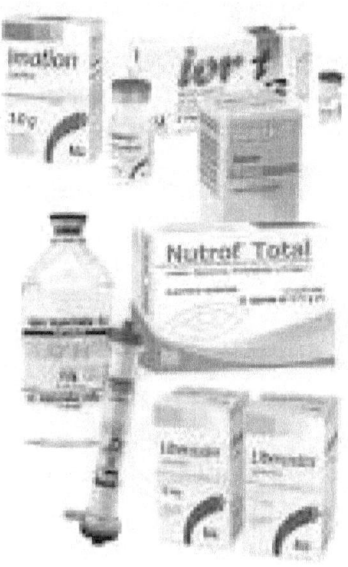

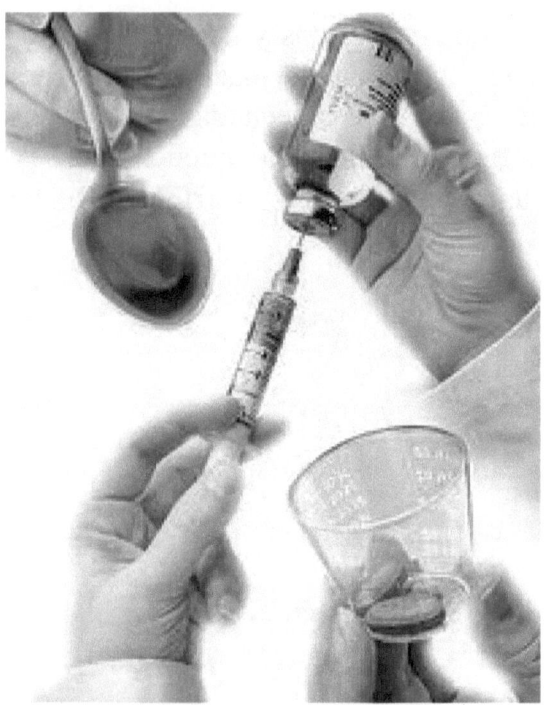

7) Actitud ante las complicaciones de las infecciones relacionadas con los catéteres vasculares63,82-84

Trombosis séptica
- La existencia de una trombosis o tromboflebitis séptica, tanto en venas centrales como periféricas, obliga a la retirada inmediata del catéter implicado.
- La anticoagulación sistémica con heparina está indicada para el tratamiento de las trombosis sépticas de las arterias o venas centrales pero no es de uso rutinario para las trombosis sépticas que afectan a las venas periféricas.
- El tratamiento antibiótico de las trombosis sépticas de las venas centrales se ha de mantener durante 4 a 6 semanas.
- En casos de candidemia pueden utilizarse durante un tiempo prolongado azoles o cualquier formulación disponible de anfotericina B.

- Los agentes trombolíticos no están indicados como tratamiento coadyuvante de la trombosis séptica. Bacteriemia persistente y endocarditis infecciosa

- La bacteriemia o funguemia persistente es una indicación de retirada de cualquier tipo de catéter, especialmente en pacientes con disfunción orgánica, hipoperfusión tisular o hipotensión acompañante.

- La persistencia de hemocultivos positivos o la ausencia de desaparición o mejoría de los signos clínicos de sepsis a las 72 horas de retirar un catéter causante de bacteriemia obliga a prolongar el tratamiento antibiótico hasta un mínimo de 4 semanas y a descartar otras posibles complicaciones (trombosis séptica y endocarditis especialmente).

- La endocarditis estafilocócica de las válvulas derechas no complicada, puede ser tratada con una pauta antibiótica de 2 semanas.

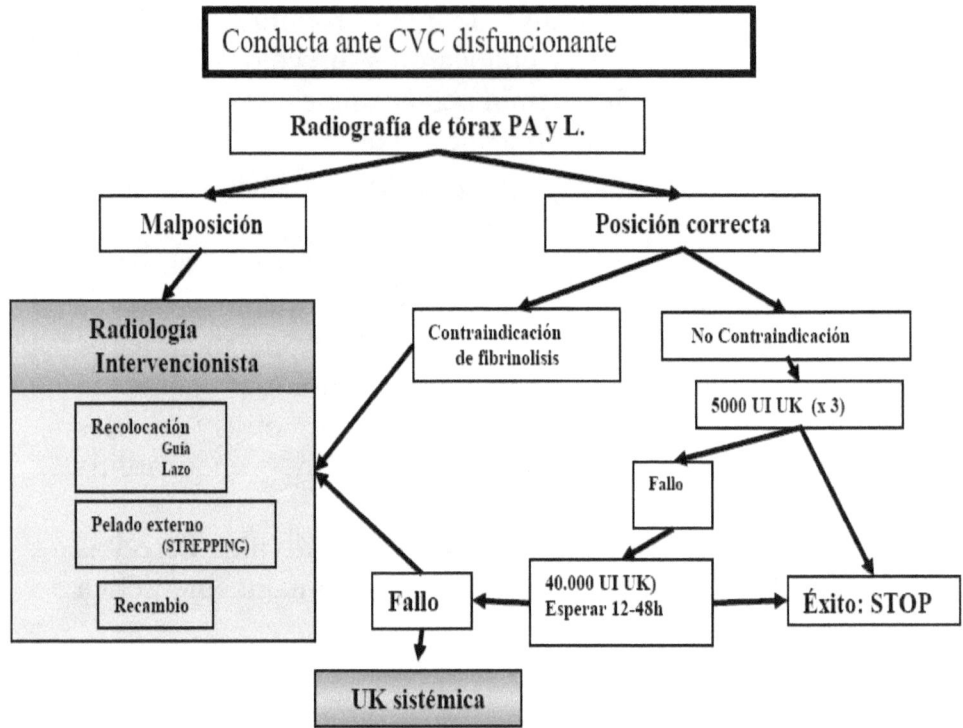

Conducta ante CVC disfuncionante

Radiografía de tórax PA y L.

Malposición

Posición correcta

Radiología Intervencionista

Recolocación
Guía
Lazo

Pelado externo
(STREPPING)

Recambio

Contraindicación
de fibrinolisis

No Contraindicación

5000 UI UK (x 3)

Fallo

Fallo

40.000 UI UK)
Esperar 12-48h

Éxito: STOP

UK sistémica